ÉTABLISSEMENT THERMAL

ET

HYDROTHÉRAPIQUE

DE

SAINT-ALBAN

Près ROANNE (Loire)

J. CAPELET

CONCESSIONNAIRE

ADMINISTRATION ET ENTREPOT GÉNÉRAL

HOTEL SAINT-LOUIS, ROANNE

MARQUE DE FABRIQUE

sur les bouchons et étiquettes

ROANNE

TYPOGRAPHIE ET LITHOGRAPHIE E. FERLAY

COURS PERSIGNY, PRÈS LA GARE

1870

ÉTABLISSEMENT THERMAL

ET

HYDROTHÉRAPIQUE

DE

SAINT-ALBAN

Près ROANNE (Loire)

J. CAPELET

CONCESSIONNAIRE

ADMINISTRATION ET ENTREPOT GÉNÉRAL

HOTEL SAINT-LOUIS, ROANNE

MARQUE DE FABRIQUE

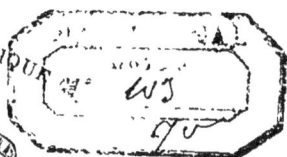

sur les bouchons et étiquettes

ROANNE

TYPOGRAPHIE ET LITHOGRAPHIE E. FERLAY

COURS PERSIGNY, PRÈS LA GARE

1870

NOTICE

SAINT-ALBAN

—————

EAUX MINÉRALES

Le village de Saint-Alban, situé dans une vallée salubre et pittoresque, au pied de la chaine des montagnes du Forez, possède des Eaux minérales très-estimées, dont la connaissance remonte aux temps des Romains.

Des vestiges de travaux, de nombreuses médailles, toutes à l'effigie des souverains de Rome, recueillies au fond des puits, des captages de la même époque récemment découverts et retrouvés dans leur intégrité primitive, font foi de cette antique origine et démontrent que les vertus curatives de ces Eaux avaient été appréciées par les anciens conquérants des Gaules, si connaisseurs en fait d'hygiène thérapeutique, et qui, en médecine, prisaient surtout les ressources naturelles.

Saint-Alban, malgré son éloignement de tout grand centre de population, était une station sanitaire importante.

Aujourd'hui le chemin de fer de Paris à Lyon par le Bourbonnais, station de Roanne (Loire), met Saint-Alban (à 12 kilomètres de Roanne) en communication directe et rapide avec tous les pays.

Quatre puits romains, pouvant suffire à une dépense de 160,000 litres par 24 heures, contiennent une eau claire, limpide, à la surface de laquelle viennent crever une quantité prodigieuse de bulles de gaz acide carbonique. Un dépôt rouge ocracé tapisse les parois et témoigne de la présence d'une notable quantité de fer.

Le fer y existe à l'état de bicarbonate et dans une proportion suffisante pour lui donner les véritables caractères d'une eau ferrugineuse.

Cette propriété se révèle encore par le sédiment qui, de même qu'autour des puits, se forme aux parois du vase après quelques jours de mise en bouteille. Ce sédiment tout ferrugineux, se révoltant au moindre mouvement en flocons de couleur ocracée, a pu quelquefois faire croire à l'introduction de corps étrangers, tandis qu'il n'est qu'une preuve de la qualité de l'eau, devenant, par la présence de ce fer, un tonique des plus efficaces.

Un grand nombre d'analyses chimiques ont fait classer les Eaux de Saint-Alban parmi les

BICARBONATÉES-SODIQUES, FERRUGINEUSES, CARBONIQUES FORTES.

M. Lefort, chimiste distingué de Paris, chargé, en 1859, de faire une nouvelle analyse, opéra aux sources mêmes, et signala comme le résultat le plus important, la proportion considérable d'acide carbonique contenue dans ces eaux, soit à l'état libre, soit à l'état de combinaison. De plus, il ajouta la potasse, l'iodure de sodium et l'arséniate de soude à la liste des substances qui y avaient été signalées par Richard de la Prade, en 1774.

Toutes les expériences faites dans le but de découvrir la présence de sulfates ont été négatives ; c'est peut-être, dit M. Lefort, la seule eau minérale qui en soit aussi parfaitement exempte.

Tableau synoptique de la densité, de la température et de la somme des principes élémentaires contenus dans un litre d'eau de Saint-Alban (puits César et puits Faustine).

	Puits César ou Grand-Puits	Puits Faustine ou Puits-de-la-Pompe.
	grammes.	grammes.
Densité,	1,0012	1,0012
Température,	17°,2	17°,2
Azote,	des traces.	
Oxygène,	traces.	
Acide carbonique libre et combiné,	3,3900	3,3781
Acide chlorhydrique,	0,0189	0,0189
Acide iodhydrique,	traces.	
Potasse,	0,0492	0,0442
Soude,	0,3692	0,3679
Chaux,	0,3651	0·3710
Magnésie,	0,1430	0,1391
Silice,	0,0453	0,0443
Protoxyde de fer,	0,0165	0,0104
Arsenic,	traces.	
Matière organique,	traces.	
	4,3852	4,3742

Tableau synoptique des diverses combinaisons salines anhydres attribuées hypothétiquement à un litre d'eau minérale de Saint-Alban (puits César et puits Faustine).

	Puits César ou Grand-Puits	Puits Faustine ou Puits-de-la-Pompe.
	grammes.	grammes.
Acide carbonique,	1,9499	1,9400
Bicarbonate de soude,	0,8565	0,8508
— de potasse,	0,0834	0,0838
— de chaux,	0,9382	0,9242
— de magnesie,	0,4577	0,4443
— de protoxyde de fer,	0,0233	0,0251
Chlorure de Sodium,	0,0301	0,0318
Iodure de Sodium,	traces.	
Arseniate de soude,	traces.	
Silice,	0,0451	0,0443
Matière organique,	traces.	
	4,3838	4,3723
Poids du résidu salin à la température de 180°,	1,8754	1,8744

La comparaison des analyses des eaux de SELTZ NATU-RELLES et de celles de SAINT-ALBAN démontre une identité parfaite de composition. Toutefois, il est bon de dire que les eaux de ce dernier pays sont plus riches en gaz et contiennent moins de chlorure de sodium, deux circonstances qui les rendent plus digestives.

Il existe entre SAINT-ALBAN et VICHY une grande analogie. Dans les eaux des deux pays, mêmes principes, mais en proportion différente. Celles de SAINT-ALBAN, légèrement chargées de principe alcalin, fortement gazeuses et contenant de plus un tonique analeptique (le fer), peuvent être parfaitement tolérées dans beaucoup de circonstances où des eaux plus minéralisées, comme celles de Vichy, ne sont que difficilement applicables.

Les Eaux de SAINT-ALBAN sont tout à la fois boisson de table et boisson de malades. Elles ont donc des propriétés HYGIÉNI-QUES et THÉRAPEUTIQUES.

PROPRIÉTÉS HYGIÉNIQUES

Leur goût aigrelet, leur propriété appétitive, digestive, leur nature gazeuse, les font rechercher pour la table. Mélangées avec le vin, qu'elles ne décomposent pas, et auquel elles laissent tout son arôme, elles constituent une boisson salutaire, rafraîchissante et très-agréable.

L'usage habituel de ces eaux, soit seules, soit coupées avec le vin, n'occasionne aucune irritation, contrairement à l'usage prolongé des autres eaux minérales employées comme eaux de table.

PROPRIÉTÉS THÉRAPEUTIQUES

Leur propriété apéritive, tonique, diurétique, leur composition alcaline, magnésienne, gazeuse et ferrugineuse, les rendent importantes en médecine.

Elles fortifient le système nerveux sans laisser aucune irritation. Les personnes obèses ou menacées d'obésité, d'engorgement, de congestion ou de coup de sang, en font usage avec succès.

Le vin blanc coupé avec l'eau minérale ou l'eau gazeuse est d'une efficacité reconnue pour les guérisons de la gravelle, de la goutte, des maladies de la peau même invétérées.

Ces Eaux sont également remarquables par leurs vertus préservatives contre les maladies contagieuses.

~~~~~~~~~~~~

Les Eaux minérales de Saint-Alban, quoique expédiées à de grandes distances, conservent pendant plusieurs années leur efficacité ; leurs principes, principalement ceux du fer chimiquement dissous, et du gaz acide carbonique (les plus essentiels) s'y maintiennent intacts et inaltérés. En sorte que les Eaux de Saint-Alban en bouteille produisent presque les mêmes effets que celles bues à la source. Aussi constate-t-on des guérisons très-remarquables obtenues par ces Eaux minérales prises loin de la source et en toute saison.

AVIS AUX CONSOMMATEURS

Les molécules rouges ocracées que l'on remarque parfois soit déposées aux parois ou au fond des bouteilles, soit nageant dans l'eau, pourraient facilement être attribuées à la décomposition ou à la corruption de l'eau. Ce serait une erreur, car ces sédiments ne sont autre chose que de minimes et légères particules de fer entraînées par la source elle-même, qui tendent naturellement à monter à la surface de l'eau lorsqu'on remue les bouteilles, et attestent au contraire l'une de ses principales qualités.

SAISON THERMALE

Buvette. — Bains d'eau minérale, d'eau douce et de vapeur. Douches. — Piscine.
— Traitement par le gaz acide carbonique.

MÉDECIN INSPECTEUR : M. LE DOCTEUR GAY.

MÉDECIN CONSULTANT : M. LE DOCTEUR SAUTEREAU.

La saison thermale de Saint-Alban est ouverte chaque année aux buveurs du 15 mai au 15 octobre. Les principales maladies pour lesquelles ces Eaux sont employées avec grand succès, sont : gastralgie, phthisie pulmonaire, dyspepsie, asthme, catarrhe, goutte, sciatique, affections syphilitiques récentes ou anciennes, chlorose ou pâles couleurs, leucorrhée, inflammation des organes de la génération, affections scrofuleuses, névralgies chroniques et intermittentes, maladies utérines, de la vessie, du larynx et du foie. Elles sont souvent efficaces dans certains cas de stérilité.

ETABLISSEMENT HYDROTHÉRAPIQUE

DIRIGÉ

Par le docteur SAUTEREAU, de la Faculté de Paris.

Ancien interne des hôpitaux de la Cité.

Après avoir parlé des Eaux minérales de *Saint-Alban*, nous devons consacrer une mention spéciale à son Etablissement hydrothérapique qui, grâce à sa situation et à ses agencements, réalise complètement, relativement au choix du site et des eaux et à la variété des moyens thérapeutiques, les vœux des hommes les plus compétents, par exemple, celui de l'honorable docteur Boyer, l'un des éminents professeurs de la Faculté de Médecine de Montpellier, qui a dit : Je fais des vœux pour que des médecins instruits fondent des maisons de santé dans des sites montueux bien choisis, où se trouvent des eaux fraîches, vives, pures, et qu'ils y adoptent une manière de vivre simple, calme, analogue à ce qu'enseigne la nature à ceux qui savent l'étudier. Je ne doute pas que ces médecins n'obtiennent des succès qui feraient bientôt oublier tous ceux qui sont attribués à Priessnitz (*Recherches histor. et critiq. sur l'hydrothérapie*, etc. *Strasbourg*).

Le lecteur connaissant déjà la nature de nos Eaux, nous nous bornerons à lui parler du site et des moyens thérapeutiques dont notre établissement dispose.

Ceux-ci se composent :

1° D'appareils hydrothérapiques proprement dits, tels que : douches fixes et mobiles, en colonne, en lame, en pluie et en cercle ; douches ascendantes, vaginale, rectale, périnéale ; piscines, bains de flots, bains de siége à renouvellement concentrique ; bassin pour les lotions alternativement chaudes et froides ; ces divers appareils peuvent, suivant la prescription du médecin, être alimentés soit par l'eau douce, soit par l'eau minérale :

2° D'appareils à sudation, soit par enveloppement, soit par l'air chaud ou par la vapeur, soit par l'acide carbonique, etc., etc.

Cette énumération sommaire indique, sans qu'il soit besoin d'entrer dans de plus amples détails, qu'à *Saint-Alban*, le traitement hydrothérapique peut être aisément suivi sous toutes les formes et suivant tous les procédés exigés par la science.

Mais souvent les effets de la cure hydrothérapique sont si lents à se produire, malgré l'habileté de la direction médicinale, que quelques malades, perdant patience, interrompent ou abandonnent leur traitement avant que celui-ci ait donné un résultat durable.

Alors unir méthodiquement à la cure hydrothérapique une *médication diurétique, digestive et reconstituante*, c'est accroître et précipiter l'action de la première, c'est rendre aux malades le service le plus signalé qu'il y ait dans l'espèce, puisqu'en ce monde, *même à propos de la santé*, la question de temps ne perd jamais son importance.

Le voisinage des sources minérales de Saint-Alban bicarbonatées, sodiques moyennes, ferrugineuses faibles, carboniques fortes, rend possibles et faciles des combinaisons de ce genre. Aussi M. le docteur Gillebert-Dhercourt a-t-il constaté que sa pratique hydrothérapique de Saint-Alban lui avait donné des résultats plus prompts que ceux qu'il avait obtenus dans les autres établissements hydrothérapiques qu'il avait dirigés antérieurement. Il a même observé que quelques cures de Long-Chêne, qui avaient été suivies de récidive, n'étaient devenues définitives que depuis que les malades avaient repris le traitement combiné de St-Alban.

Ainsi la pratique est venue justifier les présomptions de la théorie.

En outre, Saint-Alban faisant partie de la côte Saint André, si riche en excellents vignobles, a permis au docteur Gillebert-Dhercourt d'y instituer une cure de raisin.

L'abondance et la bonne qualité du pâturage des environs autant que le grand nombre des bestiaux, assurent également aux malades qui en ont besoin les moyens de faire la cure par le lait de vache, de chèvre ou d'ânesse.

Enfin, l'habitation dans un site montueux, au milieu d'un air vif, sec et pur, sous une ample radiation solaire, près d'une végétation luxuriante et loin des cités populeuses et manufacturières, contribue, comme chacun le sait, à précipiter les bons effets du traitement et à assurer la guérison.

Or, en sus de ces avantages si précieux pour la thérapeutique, l'Etablissement hydrothérapique de Saint-Alban jouit encore de tous les agréments résultant de la beauté du site, de la variété des promenades, de la bonté des routes, qui sont carrossables jusqu'au centre des forêts et jusqu'au sommet des montagnes ; du voisinage de la Loire et de ses coteaux pittoresques ; du grand nombre de monuments historiques qui existent dans la contrée et qui fournissent des buts d'excursion aussi agréables qu'intéressants, etc.

Nous sommes loin de vouloir prétendre que, sous tous les rapports que nous venons de signaler, il soit impossible de trouver un établissement aussi avantageusement situé et agencé : nous savons qu'il en existe d'autres fort recommandables ; mais nous affirmons avec confiance qu'on ne saurait en trouver un mieux disposé et plus riche que le nôtre en ressources thérapeutiques.

TRAITEMENT

PAR LE

GAZ ACIDE CARBONIQUE

(Extrait d'une brochure de M. le docteur GAY).

D'après l'analyse faite par M. Jules Lefort, en 1858 et 1860. les Eaux de Saint-Alban contiennent un gramme 9810 d'acide carbonique libre par litre : elles sont donc bien plus richement dotées que les sources les plus renommées en ce genre.

Aussi cet établissement est-il unique en France.

Le gaz est recueilli par des appareils très-simples;une immense cloche de cuivre recouvre chaque fontaine : un entonnoir évasé est fixé dans cette même fontaine à un niveau supérieur. Refoulé par la cloche, obéissant à son propre poids, le gaz se rend, par des conduites préparées, dans un gazomètre.

C'est à M. Goin, médecin-inspecteur de Saint-Alban, qu'on doit les premiers essais de cette médication ; commencée en 1832, elle n'a cessé d'être employée en prenant à chaque saison un accroissement plus grand. On peut donc dire que Saint-Alban a été, en France, le berceau de ce traitement. Le médecin-inspecteur actuel, en fonctions depuis 1843, encouragé par les bons résultats, par les cures dont il était si souvent témoin, a fait tous ses efforts pour augmenter et perfectionner les appareils qui lui sont destinés.

Au commencement, six becs seulement étaient affectés aux malades. Le gaz, traversant une couche d'eau, était recueilli à sa surface par un petit entonnoir à long tube et aspiré par chaque malade (1). Depuis ce temps, un progrès immense a été accompli, et un bâtiment tout entier est maintenant affecté à ce traitement.

Deux grandes salles, une de première, une de seconde classe, sont destinées à l'inhalation ; elles contiennent dans leur milieu un tube ovale de 0,03 centimètres de section, élevé à 0,50 centimètres et percé de quarante orifices, à chacun desquels vient se fixer un tube en caoutchouc de petite dimension. Le malade, assis autour du grand conducteur, adapte à ce tube un embout en ivoire et fait ses inspirations. Sa séance finie, un autre le remplace, muni de son embout particulier.

Des cabinets attenant à la grande salle sont destinés aux douches et aux bains de gaz ; ils sont au nombre de trois pour les douches vaginales. Un cabinet est destiné aux bains généraux ou partiels, qui sont donnés dans des appareils copiés sur ceux de Nauheim. Les petites douches œillères ou auriculaires ont leur place affectée dans une partie de la grande salle.

Les premières rendent des services dans les ophtalmies chroniques, et chaque fois qu'on doit réveiller un peu, par un léger stimulant, les fonctions affaiblies du globe oculaire ; les secondes sont indiquées dans les névroses de l'oreille.

Tout ce système, qui peut fonctionner en même temps, est relié par des conduites en cuivre à deux gazomètres de grande dimension, alimentés par le réservoir commun, et qui donnent à volonté la pression réglée par le médecin, soit pour les douches, soit pour les inspirations.

L'affluence des malades qui font chaque année usage de ce traitement, et dont le nombre s'augmente toujours, a exigé une organisation aussi vaste, qui pourrait même être doublée, si le besoin s'en faisait sentir, la production de gaz étant toujours incessante et toujours la même.

M Jules Lefort, qui a fait son analyse sur les lieux, dit dans son rapport : « Peu de sources minérales bi-carbonatées, en France, possèdent de l'acide carbonique d'une pureté aussi grande que celle de Saint-Alban. » Cet avantage doit être, et est en effet, apprécié pour la confection des limonades gazeuses, mais plus encore pour le traitement des maladies qui en réclament l'emploi.

Les premières et les plus importantes de ces maladies sont, sans contredit, celles de l'appareil respiratoire. Ce sont celles qui obtiennent les résultats les plus marqués. En 1832, M. le docteur Goin, enthousiasmé des succès qu'il avait obtenus, crut avoir découvert un infaillible moyen du traitement de la tuberculose. Cette erreur d'un esprit ardent et généreux n'a pu résister à une expérience prolongée ; mais voici ce qui a pu lui donner

(1) Peter, *Thèse inaug. de l'inhalation du gaz acide carbonique*, Paris, 1834.

lieu : Il existe assez souvent chez les jeunes personnes, non encore ou mal réglées, chez des jeunes femmes, un état de langueur caractérisé par de la maigreur, quelques symptômes nerveux, une petite toux fréquente, une respiration courte ; et si l'on explore la poitrine, on constate un peu de matité dans quelques points, parfois aussi des craquements légers. On pourrait prendre tous ces symptômes pour une phthisie au début ; il n'en est rien. L'usage du gaz fait disparaître promptement cet état, alarmant en apparence ; mais il faut avouer que jamais une phthisie confirmée n'a cédé à son emploi.

Viennent ensuite les aphonies produites, ou par une fatigue excessive du larynx, ou qui sont le résultat d'une irritation chronique des cordes vocales. Ces cas se rencontrent chez les prédicateurs, les chanteurs de profession, les professeurs de collége, certains marchands qui sont obligés de parler beaucoup. Le gaz, dans ces circonstances, produit de vraies cures, et chez tous les malades guéris le succès a été durable ; une ou plusieurs saisons ont rendu au larynx l'usage entier de ses fonctions.

Nous avons publié une observation très-concluante d'aphonie complète, guérie par le gaz acide carbonique, dans la *Gazette médicale* de Lyon, en janvier 1869, et dans la *Revue médicale* de Paris, du mois de mai dernier.

En voici une autre que nous ne croyons pas dénuée d'intérêt.

M. l'abbé B..., âgé de 32 ans, d'un tempérament lymphatique, professeur de rhétorique dans un séminaire, vint, en 1862, à Saint-Alban, pour une perte presque entière de la voix. Sa classe se composant de quarante élèves, il avait tellement été obligé de fatiguer son larynx, que deux mois avant la fin de l'année, il éprouvait la plus grande peine à se faire entendre de ses élèves, et qu'enfin la voix s'était totalement perdue.

Il fut soumis aux aspirations du gaz, d'abord une séance par jour, et d'un quart d'heure seulement ; puis le gaz étant bien supporté deux, et ensuite trois séances, de près de demi-heure chacune.

Leur effet fut des plus satisfaisants. La voix était complètement rétablie avant son départ. Il revint l'année suivante, ayant pu cette année continuer sa classe jusqu'à la fin sans trop de fatigue. Une troisième saison acheva cette guérison ; et depuis, M. l'abbé B..., que nous avons revu plusieurs fois, a pu chaque année suffire à toutes les exigences de sa profession, sans aucune altération de la voix.

On a vu des accès d'asthme fortement enrayés par les aspirations, et des catarrhes chroniques s'effacer complètement par leur usage.

Les granulations pharyngiennes, et surtout le gonflement des amygdales, cèdent aussi souvent à des inspirations, qui alors n'ont pas besoin d'être profondes, et qui par conséquent sont conseillées et plus longues et plus répétées.

Eufin, au compte des inspirations il faut encore ajouter leur influence favorable sur des migraines qui, par leur usage, deviennent moins fréquentes et moins douloureuses.

Le traitement par les inspirations de gaz demande de la part du malade une habitude qui s'acquiert assez vite : mais il faut pourtant quelques jours pour que la tolérance s'établisse. Dix minutes au début, et une séance par jour, peu de personnes peuvent en supporter davantage. Le malade ne doit pas faire pénétrer d'abord le gaz jusque dans les petites ramifications, il y aurait alors de la toux, un peu de suffocation et de la céphalalgie, accidents qui arrivent à quelques imprudents et que l'exposition à l'air libre a bien vite dissipés. Au bout de quelques jours, les séances sont poussées jusqu'a 20 ou 25 minutes, et ont lieu deux ou trois fois par jour. Ainsi ménagé, le traitement n'a jamais produit d'accidents graves ; on le concevra sans peine, si l'on fait attention que le malade respire en même temps par les narines une certaine quantité d'air atmosphérique. Au contraire, en sortant de la salle, la respiration est plus large, plus facile ; et tel qui ne pouvait faire sans fatigue la moindre ascension, gravit sans peine la colline où le village est situé, et peut faire des promenades qui lui étaient interdites.

Les douches de gaz sont ou vaginales ou extérieures. Les premières ont une grande influence sur la dysménorrhée, sur des érosions et ulcérations légères du col de la matrice ; elles font cesser très-vite les névroses utérines, qui sont si souvent une cause de stérilité : de là vient en grande partie la réputation presque proverbiale de Saint-Alban dans cette fâcheuse circonstance.

On n'a jamais constaté d'accidents survenus pendant l'application de ces douches, malgré la large surface d'absorption qui leur est offerte ; elles durent un quart d'heure à 20 minutes ; il est vrai que le traitement est surveillé de très-près par le médecin, et interrompu au moindre mal de tête qui se déclare.

Les douches extérieures sont hyposthénisantes ou cicatrisantes: dans le premier cas, elles ont de bons résultats, dans les névroses du sein. Pour les douleurs des membres, il vaut mieux employer les bains partiels, il en sera parlé plus loin.

Le gaz acide carbonique est employé très-souvent à Saint-Alban en douches sur les yeux. On doit lui reconnaître dans cet usage deux propriétés bien distinctes : la première est détersive et cicatrisante ; la seconde peut être appelée fortifiante.

Toutes les ophthalmies chroniques sont du ressort de la première ; mais suivant leur nature, elles sont influencées plus ou moins promptement ou sûrement.

Ces maladies peuvent être simplement inflammatoires, ou ce qui arrive le plus souvent, être rattachées aux diathèses scrofuleuses ou herpétiques.

Lorsque l'ophthalmie est simple, si elle est ancienne, il est rare qu'elle n'ait pas atteint les glandes de Meibonius. Celles-ci sont parfois ulcérées et toujours hypertrophiées : elles sécrètent alors en plus grande quantité un mucus puriforme qui agglutine les paupières pendant le sommeil. Les douches de gaz acide carbonique ont bien vite modifié cet état, et chaque année nous en voyons des exemples frappants ; mais elles ne peuvent être bien supportées que s'il n'existe pas de photophobie, et il est essentiel que l'inflammation soit, avant de les employer, ramenée à un état presque insensible.

Il n'en est pas de même pour les ophthalmies qui tiennent à une diathèse scrofuleuse. On peut presque toujours appliquer les douches au début du traitement par les Eaux, cette affection étant en général peu douloureuse. On connaît l'aspect repoussant qu'offre cette terrible affection ; les paupières gonflées, souvent renversées, dénuées de leurs cils, et sécrétant une humeur abondante. Le gaz acide carbonique a l'influence la plus active sur cette complication des affections strumeuses. En peu de temps on remarque une amélioration évidente, et que l'on peut facilement apprécier en quelque sorte jour par jour. Les yeux se détergent, les paupières s'affaissent, le fluide est moins abondant, et le malade, qui était obligé de tenir un bandeau sur ses yeux, s'en voit bientôt délivré.

On ne sera pas étonné de ce résultat si l'on veut réfléchir à la propriété cicatrisante du gaz, qui dans ces cas-là exerce une action topique de la plus grande efficacité.

L'ophthalmie de cause herpétique ne nous a pas présenté des succès aussi marqués. Cependant nous ne manquons jamais de l'associer au traitement de cette affection, qui est rarement bornée aux paupières, et présente presque toujours sur d'autres points des manifestations qui ne laissent aucun doute sur sa nature. Nous avons toujours vu que ce n'était pas en vain que nous associons son emploi au traitement général.

La seconde propriété que nous reconnaissons aux douches d'acide carbonique peut s'appeler fortifiante de la vue. Cette fonction si importante s'affaiblit souvent sous l'influence d'une maladie déprimante, ou bien parfois elle constitue un état maladif de l'organe de la vision. Les observations qui vont suivre feront bien comprendre comment nous avons reconnu l'action des douches de gaz dans ces circonstances et comment nous les appliquons.

Madame de L..., âgée de 63 ans, du département de l'Isère, vint en 1846 à Saint-Alban pour être soulagée d'un emphysème pulmonaire qui, surtout en hiver, revêtait le caractère asthmatique, avec des symptômes graves et très-douloureux. L'usage des aspirations de gaz acide carbonique employées pendant un mois chaque année réussissait toujours à soulager cette si pénible affection, et à prévenir ses accès. En même temps cette dame avait observé que sa vue faiblissait, elle ne pouvait plus lire, s'occuper à un travail quelconque, sans que sa vue ne s'obscurcît et que ses yeux ne se remplissent de larmes ; avec cela peu ou point d'irritation apparente. On ne pouvait attribuer cette altération de la vision au progrès de l'âge ; aucun verre de lunettes ne pouvant y remédier, il ne fallait pas songer à une amaurose commençante, il n'y avait aucun des symptômes de cette maladie. Nous lui conseillâmes de profiter de ses séances d'aspiration du gaz, pour le porter et le maintenir chaque fois pendant quelques minutes sur ses yeux. L'effet de ces douches fut plus heureux que nous n'osions l'espérer, et peu de jours suffirent pour amener une amélioration remarquable. Au bout de la saison, la vision avait repris sa portée antérieure. Nous avons revu cette malade les années suivantes ; elle a continué de doucher ses yeux qui, bien moins malades, reprenaient chaque saison une force nouvelle.

On sait qu'un des symptômes principaux et des plus constants du diabète est l'affaiblissement de la vue. Nous pouvons rapporter un exemple récent du bon effet des douches de gaz s'attaquant directement à ce symptôme.

M. de St-M. était atteint d'un diabète que sa marche lente et la modération des accidents avait fait méconnaître ; mais depuis quelque temps il s'apercevait très-bien que sa vue faiblissait. Cette observation donna l'éveil, et aussitôt il fut soumis à un traitement et à un régime appropriés à son affection. Mais en même temps il fit usage du gaz en douches sur ses yeux. Le traitement général n'était pas assez avancé pour que la maladie fût détruite, l'analyse révélait encore une assez grande quantité de glycose, que déjà, les yeux soumis aux douches de gaz, avaient recouvré de la force, et que la vue s'était étendue de nouveau à son ancienne portée.

Ces exemples suffiront pour faire voir la puissance du gaz en ces cas d'atonie et pour justifier la propriété que nous lui avons attribuée, d'être fortifiant de la vision.

Les bains de gaz sont entiers ou partiels. Les premiers sont employés pour les maladies qui sont causées par une transpiration supprimée, pour la goutte, le rhumatisme chronique, surtout lorsqu'il siége dans la région abdominale. Ses effets sont de produire à la surface de la peau un fourmillement d'abord, de la chaleur ensuite, puis de la rougeur, enfin une transpiration plus ou moins abondante. On trouve là tous les phénomènes si bien décrits par le Dr Herpin, de Metz, dans son *Traité de l'acide carbonique*, pages 103 et 112, et par M. Rotureau, dans son ouvrage sur les Eaux Minérales, article *Nauheim*, page 103.

Les bains ont une durée d'une demi-heure à trois quarts d'heure. Pour entrer dans sa baignoire, le malade ne quitte que ses vêtements extérieurs ; son cou est soigneusement enveloppé de serviettes pour préserver la tête du contact du gaz.

Les bains partiels se donnent dans des appareils où l'on enferme les membres malades et dans lesquels une pression suffisante fait arriver le gaz pour produire en même temps des douches et un bain.

Un dernier mode de l'emploi du gaz acide carbonique consiste dans la déglutition de ce gaz ; pour l'avaler, le malade en recueille dans sa bouche une certaine quantité, le mêle à la salive, et l'envoie ensuite dans l'estomac. On comprend facilement l'action de celui-ci dans les gastralgies, dans celles qui s'accompagnent de vomissements, et particulièrement dans cette variété que Trousseau a si bien nommée gastralgie douloureuse. Ce mode d'emploi du gaz est encore combiné chez les chlorotiques avec les inspirations.

Tels sont les divers procédés employés à Saint-Alban pour le traitement par le gaz des sources. On voit que cette médication, peu répandue encore, parce que peu de sources peuvent fournir du gaz aussi pur et aussi abondant, mérite de la part des praticiens une sérieuse attention. Ce ne sont plus des essais, ce sont des faits appuyés sur vingt-six années d'expérience, et qui par leur nombre et leur importance ont engagé l'Administration à donner aux appareils qui lui sont destinés l'extension si complète à laquelle ils sont arrivés aujourd'hui.

Le traitement dont on vient de parler doit avoir une durée d'un mois en moyenne. Beaucoup de malades ne s'astreignent qu'à regret à un si long séjour, et partent avant que les effets du gaz soient complets. Les relations qui s'établissent entre les buveurs dont le traitement est moins long, en sont la cause. Mais déjà cependant, on remarque que bien des malades se résignent à prolonger leur cure, encouragés qu'ils sont par une amélioration souvent très-rapide.

EAUX & LIMONADES GAZEUSES NATURELLES

Ces Eaux et Limonades s'obtiennent avec le gaz naturel qui sort des sources minérales, les plus riches des sources connues pour la pureté du gaz acide carbonique.

Cet acide carbonique ne contient aucune trace d'acide sulfhydrique, et c'est sans doute à sa pureté absolue que l'on doit attribuer la vente toujours croissante de ces deux produits.

Elles sont raffraîchissantes, salutaires, très-agréables : elles peuvent se conserver plusieurs années sans aucune altération. Elles se vendent au même prix, ou à peu de chose près, que les limonades et les eaux gazeuses factices, dites eaux de Seltz, fabriquées avec du gaz artificiel et souvent avec de l'eau impure.

De même que les eaux minérales, les eaux gazeuses se mélangent très-bien avec le vin, les liqueurs et les sirops.

Tous ces avantages leur donnent une supériorité incontestable sur tous les produits factices, qui, pour la plupart, sont irritants et se décomposent après quelque temps de bouteille.

Tous les produits naturels de Saint-Alban doivent remplacer définitivement les eaux minérales, les eaux et limonades gazeuses artificielles dont l'Académie de Médecine signale à chaque instant les dangers.

Les hôtels de l'Administration sont: le Grand-Hôtel ; l'hôtel Saint-Louis.

Le trajet de Roanne à Saint-Alban se fait par des omnibus qui se trouvent chez M. FAVRE, maître de poste, rue Impériale, à Roanne.

Pendant la saison, l'Administration a deux services de voitures pour Saint-Alban, qui passent devant tous les hôtels de Roanne, et vont attendre les voyageurs à tous les *trains.*

OBSERVATIONS TRÈS-IMPORTANTES

DANGER DES EAUX MINÉRALES, EAUX DE SELTZ

ET

LIMONADES FACTICES

Depuis quelques années, une modification profonde s'est opérée dans l'esprit du corps médical, au sujet des eaux minérales naturelles. Des hommes éminents, des médecins recommandables par leur talent et par leurs connaissances hydrologiques, se sont élevés contre l'usage malheureusement trop répandu de l'eau de Seltz artificielle comme eau de table, et ont cherché à lui substituer les eaux minérales gazeuses naturelles.

Ces médecins n'agissaient pas ainsi dans un but spéculatif : si tous leurs efforts tendent à introduire sur nos tables des eaux gazeuses naturelles, c'est dans l'intérêt de la santé générale. Et cependant on voit encore chaque jour des gens persistant à s'abreuver de cette eau funeste à la santé, décorée du nom d'eau de Seltz artificielle, et dont l'action irritante et parfois dangereuse ne devrait être inconnue de personne.

Les Eaux de Saint-Alban, quoique connues depuis la domination romaine, étaient prises sur place par les nombreux malades des localités voisines, mais expédiées en très-petite quantité ; car les moyens de transport étaient difficiles et onéreux ; les prix de vente élevés.

La consommation des eaux minérales naturelles ne pouvait se généraliser. Et cependant on était las de boire les eaux complètement impotables, dont on est obligé de faire usage dans les grandes villes, et dont les funestes effets sont reconnus aujourd'hui dans toutes les affections cholériques. Tout le monde recherchait une boisson capable non-seulement d'étancher la soif, mais encore de faciliter le travail de la digestion.

Que fit-on ? — L'eau de Seltz artificielle !

Quel est le mode de préparation de l'eau de Seltz artificielle ? Recherche-t-on la pureté de l'eau et de l'acide carbonique ? C'est un point fort négligé. En tombant dans les mains de l'industrie, la production de l'eau de Seltz s'est adressée aux modes de préparation les moins coûteux, aux substances souvent les plus impures.

Quelle est d'abord l'eau employée ? Ordinairement c'est de l'eau de rivière. Or, les rivières qui traversent les villes sont le réceptacle de toutes les immondices, des égoûts, des eaux ménagères, des eaux provenant des hôpitaux, des boucheries, des abattoirs, etc. Si on a recours aux eaux de puits, ces eaux sont presque toujours altérées par des infiltrations provenant des fosses d'aisance ou d'établissements industriels.

Quant au gaz acide carbonique, deux procédés sont généralement suivis pour l'obtenir.

Le plus connu, celui qui, chaque jour est employé dans les ménages, consiste à verser dans une bouteille remplie préalablement aux trois quarts d'eau ordinaire, du bicarbonate de soude en poudre et de l'acide tartrique concassé. Il reste dans le liquide, après le dégagement du gaz, du tartrate de soude. Or, la présence de ce sel dans une boisson exerce à la longue une action nuisible sur la santé, surtout chez les personnes dont les organes de la digestion sont affaiblis.

L'autre procédé est de décomposer par l'acide sulfurique le carbonate de chaux.

Voilà donc les deux éléments constitutifs de l'eau de Seltz artificielle : eau impure, acide carbonique non moins impur.

Pour donner à cette boisson une saveur plus piquante, on a inventé le syphon. Indépendamment des accidents que le vase syphoïde, surchargé d'une trop grande pression de gaz, peut occasionner en éclatant, il offre un danger sérieux. En effet, le ressort à boudin qui permet à l'eau chargée de gaz de sortir du syphon est en cuivre argenté. Le contact prolongé du gaz détruit vite l'argenture, et l'action de l'acide carbonique s'exerçant alors sur le cuivre, produit du vert-de-gris qui communique à l'eau des propriétés qui peuvent amener des empoisonnements.

Que les incrédules se donnent la peine de démonter un syphon et d'examiner un ressort, ils jugeront eux-mêmes !

Telle est la préparation de l'eau de Seltz artificielle dont on fait une si grande consommation. Voilà ses imperfections et les dangers qui peuvent résulter de l'emploi longtemps prolongé de cette eau.

La présence d'une quantité trop considérable d'acide carbonique dans l'eau de Seltz artificielle ne présente aucun des avantages attendus. « En effet, l'eau artificielle, dit M. le docteur Constantin James, laisse dégager par les narines et par la bouche une partie de ses gaz : à peine dans l'estomac, elle détermine une éructation, un sentiment de plénitude ; c'est que l'acide carbonique n'étant maintenu que par compression, s'isole dès l'instant où il n'est plus soumis à la force qui l'avait emprisonné. Au contraire, le gaz dissous dans l'eau naturelle s'exhale peu à peu dans l'estomac, sans distendre cet organe et sans se faire jour au dehors. Son action est lente, continue. Il stimule doucement la muqueuse, pénètre ses moindres replis, s'imbibe dans les villosités et les follicules, et modifie ainsi, de la manière la plus heureuse, les sécrétions et la vitalité. »

Tous les médecins distingués sont unanimes sur ce point que l'eau de Seltz artificielle est une boisson funeste à la santé, et que le remède le plus efficace à lui offrir est l'emploi des eaux minérales gazeuses naturelles. En effet, ces eaux présentent toutes les qualités des meilleures eaux potables, et constituent tout à la fois la plus saine et la plus agréable des boissons.

Les Eaux minérales de Saint-Alban, chargées d'acide carbonique, contenant dans une juste proportion du bicarbonate de soude, de potasse, de chaux, de magnésie, de protoxyde de fer, de chlorure de sodium, sont éminemment digestives, toniques et reconstituantes.

Extrait de l'**Echo Roannais** du 4 juin 1870.

Lettre de M. le docteur COUTARET

De ROANNE (Loire).

DU GAZ NATUREL DES SOURCES DE St-ALBAN

Il y a près de vingt ans, le médecin qui présidait aux destinées de St-Alban eut l'idée d'essayer le gaz naturel des sources dans le traitement de certaines maladies, et il en obtint des cures remarquables et des succès inespérés. Il publia ses travaux, mais ne put pas poursuivre ses recherches.

L'idée était nouvelle et pratique, conditions exceptionnelles de succès; elle se répandit rapidement en France et à l'étranger. St-Alban suivit à peine le mouvement : pour quelle raison ? Je l'ignore. Nul n'est prophète dans son pays, disait Mme de Sévigné, à propos des eaux de Vals et de Forges ; ajoutons-y St-Alban, et nous aurons probablement l'explication que nous cherchons.

Cet état de choses ne pouvait pas se prolonger sans éveiller l'attention, et j'apprends aujourd'hui que l'Administration des eaux de St Alban est décidée à s'imposer tous les sacrifices pour imprimer une puissante impulsion au traitement des maladies chroniques par le gaz acide carbonique des sources. Appareils perfectionnés, procédés variés pour inhalations, douches, bains, rien n'a été négligé pour se mettre au niveau de tout ce qui a été créé de plus parfait en Allemagne et en France.

Voilà une heureuse inspiration des propriétaires et un bienfait pour le pays. En effet, le gaz acide carbonique est si efficace dans nombre de cas, que plusieurs médecins réputés le fabriquent artificiellement, et l'administrent aux malades à l'aide d'appareils inventés à cet effet. MM Percival et Girtanner l'ont vanté dans le traitement de la Phthisie pulmonaire ; Demarquay et Pollin, dans celui du cancer du sein et de l'utérus, des plaies douloureuses et des ulcères atoniques. Brocca en a obtenu des effets remarquables dans les névralgies de la vessie ; Willemin et Constantin Paul dans la dysménorrhée, etc.

Il est utile de prouver que le gaz acide carbonique, fabriqué par l'industrie, est moins bien approprié au traitement des maladies que celui qui émerge naturellement des sources d'eaux minérales. Mais ce que l'on comprend difficilement, c'est que l'Allemagne presque seule ait mis en pratique une médication aussi active. MM. les docteurs Goin, Nepple et Gay, ont cependant traité avec succès certaines affections chroniques, telles que la bronchite, la laryngite, l'aphonie, l'asthme nerveux, des névralgies, etc. ; ce n'est pas leur faute, s'ils n'ont pas fait plus. En Allemagne, au contraire, on s'est efforcé de généraliser l'emploi de ce gaz, partout où on l'a trouvé pur et sans mélange. A Ems, Spengler, s'est créé une spécialité dans le traitement des angines granuleuses ; à Kissengen, on accourt des pays les plus éloignés, pour se guérir des rhumatismes chroniques ou goutteux, et des paralysies rhumatismales ; à Nauheim, le docteur Rotureau a vu modifier très-heureusement les ophthalmies chroniques, les amauroses, les maladies de l'oreille, des fosses nasales, et les affections névropathiques de l'utérus.

Saint-Alban, mieux qu'aucune autre station minérale, est placé pour profiter de l'acide carbonique naturel de ses sources. Ce gaz au sortir des puits est chimiquement pur ; et il est si abondant, qu'il peut suffire à tous les usages. On pourra sans peine y créer un établissement modèle, réunissant tous les avantages qu'on rencontre isolément à Nauheim, Kissengen et Ems. Sans compter que le traitement par l'eau minérale favorisera singulièrement l'action du gaz acide carbonique, ce qu'on ne trouve pas dans les eaux d'Allemagne.

Il doit nécessairement en résulter pour St-Alban et les pays voisins une prospérité inconnue jusqu'à ce jour.

Rendons justice à l'initiative généreuse d'une administration intelligente, qui n'a pas craint de sacrifier quelques-uns de ses intérêts matériels au soulagement des malades. Félicitons-la en même temps d'avoir rencontré dans son médecin-inspecteur un homme dévoué, à la fois, à l'avenir des eaux et aux progrès de la médecine pratique.

Roanne, 25 mai 1870.　　　　　　　Dr COUTARET.

MALTINE-GERBAY

LE PLUS PUISSANT DES DIGESTIFS

SURTOUT QUAND ON FAIT USAGE DES

EAUX MINÉRALES DE SAINT-ALBAN

Ce médicament est ordonné avec grand succès par les médecins les plus éminents. Il est extrait de l'orge germée, et se développe toutes les fois qu'une graine commence sa végétation. C'est dire qu'il est, dans tous les cas, complètement inoffensif aux organes digestifs.

La **MALTINE** a subi le contrôle de l'Académie de médecine (Paris 18 janvier 1870), de la Société des sciences médicales de Lyon (16 février 1870), et de l'Académie des sciences (Paris, 21 février 1870).

Elle agit spécialement dans la *Dyspepsie*, produite par les aliments féculents, la plus commune de toutes, et produit des effets réellement merveilleux dans les *Gastrites, Gastralgies, Crampes d'estomac, Pituites, Glaires, Aigreurs, Vomissements, Renvois, Gonflements, Vents, Coliques, Constipations, Pertes, Maux de tête, Migraines, Crises de nerfs, Suppressions, Névralgies, Obstructions viscérales du foie, des reins*, etc., *Hémorrhoïdes, Hypocondrie*, etc.

La **MALTINE-GERBAY** procure des guérisons inespérées dans la *Diarrhée cholériforme*, qui enlève tant d'enfants à l'époque du *sevrage* ou de la *dentition*.

Elle se trouve dans toutes les bonnes pharmacies. Voir, pour plus de détails, le prospectus spécial renfermé dans les boîtes, revêtues de ma signature. — *Se méfier des contrefaçons*.

Vente en gros, chez M. GERBAY, pharmacien, rue du Collége, Roanne (Loire).

Roanne. Typ. et Lith FERLAY.

Les produits de Saint-Alban se conservent plusieurs années sans aucune altération. Il faut déballer les bouteilles sitôt leur arrivée et les tenir couchées, dans un endroit frais, mais exempt d'humidité.

PROGRESSION DE LA VENTE

1863. Quatre cent mille bouteilles.
1864. Six cent mille bouteilles.
1865. Huit cent mille bouteilles.
1866. Neuf cent mille bouteilles.
1867. Neuf cent mille bouteilles.
1868. Un million deux cent mille bouteilles.
1869. Un million quatre cent mille bouteilles.

S'adresser, pour demandes et renseignements

A L'ENTREPOT GÉNÉRAL, HOTEL SAINT-LOUIS

ROANNE

(LOIRE)